编委会

电力安全生产典型事故集

变电运维专业

李涛　主编

黄河出版传媒集团
阳光出版社

图书在版编目 (CIP) 数据

电力安全生产典型事故集. 变电运维专业 / 李涛主
编. -- 银川 : 阳光出版社, 2024. 11. -- ISBN 978-7
-5525-7603-0

Ⅰ. TM08

中国国家版本馆 CIP 数据核字第 20253DG179 号

电力安全生产典型事故集　变电运维专业　　　　　　　李　涛　主编

责任编辑　赵　寅　申　佳
封面设计　姜喜荣
责任印制　岳建宁

黄河出版传媒集团
阳 光 出 版 社　出版发行

出 版 人　薛文斌
地　　址　宁夏银川市北京东路 139 号出版大厦（750001）
网　　址　http://ssp.yrpubm.com
网上书店　http://shop129132959.taobao.com
电子信箱　yangguangchubanshe@163.com
邮购电话　0951-5047283
经　　销　全国新华书店
印刷装订　三河市嵩川印刷有限公司
印刷委托书号　（宁)0031293

开　　本　880 mm × 1240 mm　1/16
印　　张　1.875
字　　数　50 千字
版　　次　2024 年 11 月第 1 版
印　　次　2024 年 11 月第 1 次印刷
书　　号　ISBN 978-7-5525-7603-0
定　　价　48.00 元

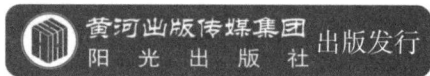

目录

第一章　风险辨识与预控措施

一、运维一体化

1. 核实外包单位安全资质是否满足作业要求。

2. 核实各类作业人员安全准入，"三种人"资格及风险监督平台岗位标识合格有效。

3. 核实特种作业人员、特种设备作业人员资格证合格有效并符合现场要求。

4. 核实队伍、人员是否纳入安全负面清单或黑名单。

5. 核实现场工作人员用工合同符合要求。

6. 核实现场作业日期在现场工作人员保险有效期内。

高/低压、交/直流触电

安全准入核实

1. 工作人员与带电部位的安全距离小于规定值，造成人员触电。

2. 现场安全交底内容不清晰，人员误入带电间隔造成人员触电。

3. 仪器摆放位置不合理，造成人员触电。

4. 绝缘工器具不合格或使用不规范造成人员触电。

5. 低压回路工作时无人监护，导致误碰其他带电设备。

6. 在变电站内，人工不规范搬运较长物件。

7. 修剪树木时未控制树枝掉落方向，搭接至带电设备。

8. 高压设备发生接地时，巡视人员与接地之间的距离小于安全距离，且没有采取防范措施，造成人员触电。

9. 雷雨天巡视设备时，靠近避雷针、避雷器，造成人员触电。

10. 汛期巡视设备时，安全用品、设备失效，造成人员触电。

11. 夜间巡视设备时，巡视人员因光线不足，误入带电区域，造成人员触电。

12. 工作中误触相邻运行设备的带电部位。

13. 为防止感应电伤人，应使用个人安保线。个人保安线应可靠夹取设备。

14. 车辆接地线，接地线截面积不得小于 16 mm²。接地线应使用编织软铜线，并有绝缘皮包裹。不得使用其他导线代替，车辆接地线应接可靠地。

15. 测试仪器应可靠接地（无接地要求的仪器可不接地），测试线上端与设备连接时，下端未与仪器连接前，应与构架接地线可靠连接。

有限空间作业

高/低压、交/直流触电

1. 未对从业人员进行安全培训，或培训教育考试不合格，导致人身伤害。

2. 严格审核作业人员的有限空间作业资质。

3. 未严格实行作业审批制度，擅自进入有限空间作业，导致人身伤害。

4. 未做到"先通风、再检测、后作业"，或者通风、检测不合格，照明设施不完善，导致人身伤害。

5. 未配备防中毒窒息防护设备、安全警示标志，无防护监护措施，导致人身伤害。

6. 进入户内 SF₆ 设备室巡视时，运维人员应检查氧量仪和 SF₆ 气体泄漏报警仪显示是否正常。若显示 SF₆ 含量超标，人员不得进入设备室。

7. 进入户内 SF₆ 设备室之前，应先至少通风 15 min，并用仪器检测含氧量（不低于 18%）合格后，人员才可进入。

8. 室内 SF_6 设备发生故障，人员应迅速撤离现场，开启所有排风机进行排风。未佩戴防毒面具或正压式空气呼吸器人员禁止入内。只有经过充分自然排风或强制排风，并用检漏仪测量 SF_6 气体含量合格，用仪器检测含氧量（不低于 18%）合格后，人员才可进入。

有限空间作业

高处作业

1. 听从指挥，协同配合，防止人员受伤。
2. 搬运长物，严禁直立，应由 2 人放倒搬运。

人员操作不当、物体打击、机械伤害

1. 登高作业，正确使用安全带。
2. 严禁安全带低挂高用、悬挂瓷瓶。
3. 在高处进行转移时，严禁失去保护。
4. 在高处作业时，防止高处坠落的安全控制措施不充分、失去监护或监护不到位，造成人员高处坠落。
5. 登高检查设备，登上开关机构平台检查设备时，防止感应电造成人员失去平衡，致人员碰伤、摔伤。登高巡视时应注意力集中，登上开关机构平台检查设备、接触设备的外壳和构架时，应做好感应电防护。
6. 使用梯子进行高处作业时，防止梯子本身不符合要求，梯子放置不符合要求，或上、下梯子防护措施不当，造成人员高处坠落。梯子应坚固完整、安放牢固。使用梯子时应有人扶持。
7. 高处作业时携带作业工具应使用工具袋，需要上下传递物品时应正确使用绳索。严禁上下抛掷物品。

小动物进入造成事故

1. 严禁小动物进入，造成事故。
2. 进出高压室、保护室，打开消防控制柜、端子箱、机构箱、汇控柜、智能柜、保护屏等设备箱（柜、屏）门后，应随手将门关闭锁好。

设备风险

1. 严禁未按标准规定及流程作业造成设备损伤。
2. 严禁发生交/直流接地短路。
3. 严禁擅自改变直流系统运行方式。
4. 严禁发生二次回路短路或接地。

设备风险

5. 严禁误动灭火系统造成设备跳闸。
6. 严禁擅自退出微机防误系统。
7. 严禁解锁操作、误动设备。
8. 严禁私自更改五防逻辑库。
9. 严禁发生交/直流接地短路。
10. 严禁损伤电缆发生交/直流接地短路。
11. 严禁误投退保护压板。
12. 严禁作业造成主变风冷全停。
13. 勿动勿碰运行空开、按钮等。
14. 作业时严禁误碰其他设备端子接线，不得影响其他设备正常运行。
15. 封堵时应防止电缆损伤、松动造成设备异常。
16. 清扫工作由２人进行，对设备熟悉者为监护人，并与高压设备保持安全距离。
17. 清扫二次屏柜要精力集中，严防用力过猛或振动使继电器误动作。
18. 使用合格的工具，应对工具裸露的金属部位进行绝缘处理。

继电保护
"三误"

严禁移动硬盘接入监控网络造成网安告警。

网络
风险

1. 检查时，做好防误碰措施，防止影响其他装置运行、误跳运行开关、二次交/直流电压回路短路或接地。
2. 电流互感器二次侧严禁开路，备用的二次绕组应短接接地。
3. 电压互感器二次侧严禁短路。
4. 确认 CT/PT 变比与定值单一致，防止继电保护误整定。
5. 确认继电保护整定正确。

二、变电运维切换、试验

1. 加强监护，严禁扩大工作范围，严防误入带电间隔，勿动运行设备。

2. 不停电作业时，保持人体及工具与带电设备的安全距离：±800 kV 大于 9.3 m、±660 kV 大于 8.4 m、750 kV 大于 7.2 m、330 kV 大于 4.0 m、220 kV 大于 3.0 m、66 kV 和 110 kV 大于 1.5 m、35 kV 大于 1.0 m、10 kV 大于 0.7 m。

3. 高压设备发生接地时，在室内远离故障点 4 m 以上，在室外故障点 8 m 以上，进入上述范围的人员应穿绝缘靴，接触设备的外壳和构架时，应戴绝缘手套。严防低压触电。

人身触电风险

设备风险

1. 严禁未按标准规定及流程作业造成设备损伤。

2. 严禁误动二次设备及接线，防止发生交直流接地短路。

3. 进行切换作业时，及时检查主变风冷运行状况，严防主变风冷全停。

4. 操作人应严格按照监护人的指令进行操作。

5. 进行直流充电机切换试验时，防止误操作导致同时退出所有直流充电机。

6. 严禁暴力操作直流开关造成直流回路断线、接地。

进出各小室，打开端子箱、机构箱、汇控柜、智能柜、保护屏等设备箱（柜、屏）门后，应随手将门关闭锁好。

小动物进入造成事故

SF$_6$气体防护

1. 仪器的摆放位置不合理，造成人员触电。
2. 绝缘工器具不合格或使用不规范造成人员触电。
3. 低压回路工作时无人监护，导致误碰其他带电设备。
4. 在变电站内，人工不规范搬运较长物件。

低压触电风险

1. 进入户内 SF$_6$ 设备室巡视时，运维人员应检查氧量仪和 SF$_6$ 气体泄漏报警仪显示是否正常。若显示 SF$_6$ 含量超标，人员不得进入设备室。
2. 进入户内 SF$_6$ 设备室之前，应先至少通风15 min，并用仪器检测含氧量（不低于18%）合格后，人员才可进入。
3. 室内 SF$_6$ 设备发生故障，人员应迅速撤离现场，开启所有排风机进行排风。未佩戴防毒面具或正压式空气呼吸器人员禁止入内。只有经过充分自然排风或强制排风，并用检漏仪测量 SF$_6$ 气体含量合格，用仪器检测含氧量（不低于 18%）合格后，人员才可进入。

三、运维基础工作

倒闸操作风险专用预控措施卡

序号	措施类型	操作对象	设备类型	操作行为	存在的主要风险	预控措施
1	专用措施	断路器	AIS	分合闸	1.断路器爆炸，造成人身伤害 2.断路器严重漏气，造成人身伤害 3.断路器高压油泄漏，造成人身伤害 4.断路器传动连杆断裂或脱销，导致合闸不到位	1.严禁现场操作断路器，监控后台操作前提醒现场人员远离操作设备，现场无声音后才可近距离检查 2.若操作过程中发生 SF₆大量泄漏，应立即停止操作。检查时，从上风口靠近，必要时佩戴防毒面具 3.若操作过程中发生高压油路喷油，应立即停止操作。检查时，应做好人身防护，在确保安全的前提下打开机构箱 4.检查断路器机械位置三相分合闸确已到位，开关机构拐臂到位，后台三相电流正常
			GIS（HGIS）		1.断路器气室防爆膜破裂，造成人身伤害 2.断路器严重漏气，造成人身伤害 3.断路器高压油泄漏，造成人身伤害 4.断路器传动连杆断裂或脱销，导致合闸不到位 5.带合闸电阻断路器短时间内多次合闸或重合闸，造成设备损坏	1.严禁现场操作断路器，监控后台操作前提醒现场人员远离操作设备 2.若操作过程中发生 SF₆大量泄漏，应立即停止操作。检查时，从上风口靠近，必要时佩戴防毒面具 3.若操作过程中发生高压油路喷油，应立即停止操作。检查时，应做好人身防护，在确保安全的前提下打开机构箱 4.检查断路器机械位置三相分合闸确已到位，开关机构拐臂到位，后台三相电流正常 5.按照规定控制断路器合闸次数及间隔时间，防止合闸电阻过热损坏

序号	措施类型	操作对象	设备类型	操作行为	存在的主要风险	预控措施
1	专用措施	断路器	开关柜	分合闸	1. 断路器爆炸，造成人身伤害 2. 断路器严重漏气，造成人身伤害	1. 严禁现场操作断路器，监控后台操作前提醒现场人员远离操作设备，现场无声音后才可近距离检查 2. 若操作过程中发生 SF_6 大量泄漏，应立即停止操作。检查时，从上风口靠近，必要时佩戴防毒面具
2	专用措施	隔离开关	AIS	分闸	1. 带负荷拉、合隔离开关 2. 隔离开关机构或回路异常，造成分闸不到位且持续放电 3. 操作过程中瓷瓶断裂，造成人身伤害 4. 位置检查不到位，造成误操作 5. 母线隔离开关和线路（主变）隔离开关操作顺序不正确，造成误操作 6. 夜间操作或光线不足，设备状态检查不到位，造成误操作	1. 隔离开关操作前检查开关三相确已分闸，后台潮流为 0 2. 根据起弧情况将隔离开关尽可能恢复到合闸状态，查明原因并消除异常后再继续操作 3. 操作前观察瓷瓶外观是否完好。就地操作时，操作人员应注意站位，防止传动瓷瓶断裂伤人 4. 拉开隔离开关后，应检查三相动触头是否完全分闸到位，切实做到实际位置、机械指示、后台状态三者一致且正确 5. 停电拉闸操作应按断路器—负荷侧隔离开关—电源侧隔离开关的顺序依次进行 6. 夜间操作时，提前检查场地，确保照明完好、光线充足，必要时准备强光灯

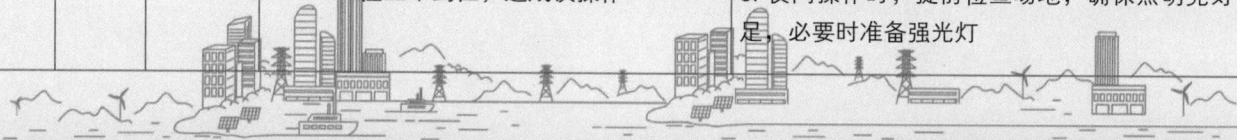

序号	措施类型	操作对象	设备类型	操作行为	存在的主要风险	预控措施
2	专用措施	隔离开关	AIS	合闸	1. 带地线（接地闸刀）合上隔离开关 2. 隔离开关机构或回路异常，造成合闸不到位且持续放电 3. 操作过程中瓷瓶断裂，造成人身伤害 4. 隔离开关位置检查不到位，造成误操作 5. 隔离开关在冰雪天气合闸操作，刀口覆冰雪，造成接触不良 6. 双母线或单母线接线方式，母线隔离开关和线路隔离开关操作顺序不正确，造成误操作 7. 夜间操作或光线不足，设备状态检查不到位，引起误操作 8. 合闸后动静触头接触电阻过大，导致触头发热	1. 隔离开关合闸操作前，检查确认操作间隔内所有相关接地闸刀已拉开，地线已拆除 2. 操作过程中合闸不到位，可以根据起弧情况将隔离开关尽可能恢复到操作前状态，查明原因并消除异常后再继续操作 3. 操作前观察瓷瓶外观是否完好。就地操作时，操作人员应注意站位，防止传动瓷瓶断裂伤人 4. 合上 AIS 隔离开关后，应逐项检查三相动触头是否合闸到位且接触良好。若闸刀拐臂外露，还应观察拐臂分合闸位置是否到位（过死点），切实做到实际位置、机械指示、后台状态三者一致且正确。必要时可使用高倍望远镜进行位置检查 5. 冰雪天气时隔离开关刀口覆冰雪，应采取分合 3 次等除冰雪措施，确认刀口无冰雪覆盖，再继续操作 6. 送电合闸操作应按照电源侧隔离开关（刀闸）—负荷侧隔离开关（刀闸）—断路器（开关）的顺序依次进行 7. 夜间操作时，提前检查场地，确保照明完好、光线充足，必要时准备强光灯 8. 带负荷操作完毕，须开展红外测温，确保设备无异常发热

序号	措施类型	操作对象	设备类型	操作行为	存在的主要风险	预控措施
2	专用措施	隔离开关	GIS（HGIS）	分闸	1. 带负荷拉开隔离开关 2. 闸刀连杆脱落，导致位置检查不到位	1. 隔离开关操作前，检查开关三相确已分闸到位，三相电流为 0 2. 检查隔离开关三相传动连杆到位，所有机械分合闸指示位置、后台状态变化正确
				合闸	1. 带接地刀闸（地线）合上隔离开关 2. 闸刀连杆脱落，导致位置检查不到位	1. 隔离开关合闸操作前，检查确认操作间隔内所有相关接地闸刀已拉开，外挂地线已拆除 2. 检查隔离开关三相传动连杆到位，所有机械分合闸指示位置、后台状态变化正确
3	专用措施	手车开关	中置式	手车拉出	1. 带负荷拉出手车 2. 手车拉出时倾倒，造成人身伤害	1. 操作开关手车时，检查开关位置及潮流，保证确已分闸到位 2. 手车拉出前，确认机械联锁位置正确、转运小车与开关柜紧密连接。手车拉出后，确认手车定位销已落槽，才可解除转运小车与开关柜的连接。对于升降式转运小车，能下放至地面的，应缓慢将手车放至地面，防止手车重心过高而倾倒
				手车推入	1. 带负荷（带地刀）推进手车 2. 手车推进时倾倒，造成人身伤害	1. 手车式隔离开关拉出或推入前，检查开关确在分闸位置 2. 对于升降式转运小车，提起手车时应检查手车滑轮均在转运小车导轨上，手车限位落槽，才可提升手车。手车推进前，确认转运小车与开关柜紧密连接，手车触头无变形，开关柜内无异物，运转小车车轮锁定

序号	措施类型	操作对象	设备类型	操作行为	存在的主要风险	预控措施
3	专用措施	手车开关	落地式	手车拉出	1. 带负荷拉出手车 2. 手车拉出时倾倒，造成人身伤害	1. 操作开关手车时，检查开关位置及潮流，保证确已分闸到位 2. 手车拉出前，确认机械联锁位置正确，操作导轨无变形、无异物，周围无杂物，防止磕碰绊倒 3. 手车拉出时，若从带坡度的轨道滑下，应由拉改为推，缓慢控制手车速度，防止手车倾倒 4. 手车在过坎前可适当用力，过坎时或接触地面时适当施加反向力。地面不平时，不要生拉硬拽
				手车推入	1. 带负荷（带地刀）推进手车 2. 手车推进时倾倒	1. 手车式隔离开关拉出或推入前，确认开关确在分闸位置 2. 手车推入前，确认导轨、触头无变形、无异物。推手车时，应控制操作力度和速度，同时注意用力位置，防止手车速度过快失去控制
4	专用措施	接地刀闸	AIS	分闸	1. 瓷瓶断裂，造成人身伤害 2. 分闸位置检查不到位，接地闸刀动静触头安全距离不够，导致带接地合闸送电 3. 独立接地闸刀漏拉开，导致带接地合闸送电	1. 就地操作时，操作人应注意站位，防止传动瓷瓶断裂伤人 2. 拉开接地闸刀后，确认三相动触头完全分闸到位，切实做到实际位置、机械指示、后台状态三者一致且正确 3. 送电前，再次确认所有接地闸刀确已分闸

续表

序号	措施类型	操作对象	设备类型	操作行为	存在的主要风险	预控措施
4	专用措施	接地刀闸	AIS	合闸	1. 带电合接地闸刀 2. 瓷瓶断裂，造成人身伤害 3. 合闸位置检查不到位，导致接地不良，感应电伤人 4. 冰雪天气合闸操作，刀口覆冰雪，导致接地不良，感应电伤人 5. 夜间操作，光线不足，设备状态检查不到位，导致接地闸刀合闸接触不良，感应电伤人	1. 接地闸刀合闸前严格履行验电流程，确认接地点无电且操作设备正确后，立即合上相应接地闸刀 2. 就地操作时，操作人应注意站位，防止传动瓷瓶断裂伤人 3. 合上 AIS 接地闸刀后，确认三相动触头合闸到位（过死点）且接触良好，切实做到实际位置、机械指示、后台状态三者一致且正确 4. 冰雪天气接地闸刀刀口覆冰雪，应采取措施除冰雪，确认刀口无冰雪后，再继续操作 5. 夜间操作时，提前检查场地，确保照明完好、光线充足，必要时准备强光灯
			GIS（HGIS）	分闸	1. 传动连杆断裂，引起接地闸刀分闸不到位，位置检查不到位，导致带接地合闸送电 2. 接地闸刀漏拉开，导致带接地合闸送电	1. GIS 接地闸刀操作，确认三相传动连杆到位，所有机械分合闸指示位置、后台状态变化正确 2. 送电前，再次确认操作间隔所有接地闸刀确已分闸
				合闸	1. 带电合接地闸刀 2. 合闸位置检查不到位，导致接地不良	1. 严格按照间接验电要求，认真检查隔离开关的机械指示位置、电气指示、带电显示装置、仪表，以及各种遥测、遥信等信号的变化，且至少应有 2 个非同样原理或非同源的指示发生对应变化，所有这些确定的指示均已同时发生对应变化，确认该设备已无电，操作对象正确后，立即合上相应接地闸刀 2. GIS 隔离开关操作，确认隔离开关三相传动连杆到位，所有机械分合闸指示位置、后台状态变化正确

序号	措施类型	操作对象	设备类型	操作行为	存在的主要风险	预控措施
5	专用措施	接地线	—	挂地线	1. 挂接地线误入带电间隔 2. 挂接地线人身触碰接地线 3. 挂接地线操作顺序错误	1. 挂接地线前进行"三核对"（核对名称、编号、位置），防止走错间隔 2. 挂接地线须穿绝缘靴、戴绝缘手套，严禁触碰接地线 3. 挂接地线时，先装设接地端，再挂导体端 4. 选择对应电压等级的接地线
				拆地线	1. 拆接地线对象错误，造成误操作 2. 拆接地线人身触碰接地线 3. 拆接地线操作顺序错误	1. 挂接地线前进行"三核对"（核对名称、编号、位置），防止走错间隔 2. 拆接地线须穿绝缘靴、戴绝缘手套，严禁触碰接地线 3. 拆接地线时，先拆导体端，再拆接地端
6	专用措施	验电	—	直接验电	1. 验电器不合格，电压等级错误 2. 验电器可用性验证不到位 3. 验电器与被试设备接触不良 4. 未戴绝缘手套 5. 雨雪天气室外验电 6. 操作时手超过护环	1. 验电前，操作人员确认验电器外观完好，电压等级与操作设备一致，合格证在试验有效期内 2. 验电器在使用前，应在相同电压等级带电设备或高压验电发声器上验明验电器功能完好 3. 在采用验电器验电时，操作人对设备每相至少验3个点，间距在10 cm以上 4. 验电操作时须穿绝缘靴、戴绝缘手套 5. 雨雪天气，禁止进行室外直接验电，应采取间接验电的方式判断是否有电 6. 验电操作时，手握部位应在护环以下，且护环应在正确位置
				间接验电	1. 间接验电设备状态检查不到位 2. 设备电压、电流检查不到位	1. 间接验电时，应通过设备的机械指示位置、电气指示、带电显示装置、仪表，以及各种遥测、遥信等信号的变化来判断 2. 间接验电时，应确认设备无电压、相关间隔无电流

续表

序号	措施类型	操作对象	设备类型	操作行为	存在的主要风险	预控措施
7	专用措施	电压互感器	—	停复役	1. 操作中漏切低压回路，造成电压回路并列或检修工作中反送电，运行电压互感器二次失压或人员伤害 2. 电压互感器二次回路空开、熔丝操作，造成电压互感器二次回路短路或接地	1. 严格按照操作票执行，禁止跳步操作 2. 操作过程中加强监护 3. 电压互感器并列时，应先检查确认一次并列，再进行二次并列
8	专用措施	电流互感器	—	停复役	1. 误操作运行电流互感器二次回路试验端子，造成运行电流互感器二次开路，导致人身伤害或设备损坏 2. 操作过程中造成电流互感器二次回路短路或两点接地，造成保护装置误动作 3. 复役时，电流互感器二次回路试验端子未恢复，区外故障时保护误动	1. 操作过程中加强监护 2. 严格按照操作票执行，禁止跳步操作，加强监护 3. 大电流端子严格按照正确顺序操作，操作后要仔细检查大电流端子孔是否有铁屑
9	专用措施	变压器	—	停役	1. 停役前未及时调整低压站用电接线方式，导致站用电低压母线失电 2. 停役前未切除运行中的无功设备，导致无功设备失压 3. 停役前未调整电网中性点接地点，导致局部电网中性点失去接地 4. 主变停役时，消防自动喷淋系统未退出，导致误喷 5. 停役前未及时调整电网联切小电源保护，导致部分小电源回路失去联切保护	1. 主变停役前，应先调整好站用电供电方式 2. 主变停役前，应先切除运行中的无功设备，并将无功设备退出 AVC 控制 3. 主变停役前，注意调整中性点接地方式 4. 主变停役后，根据规定，将该台主变的消防自动喷淋系统退出 5. 主变停役前，应先按照电网小电源运行方式调整电网联切小电源保护

序号	措施类型	操作对象	设备类型	操作行为	存在的主要风险	预控措施
9	专用措施	变压器	—	复役	1. 主变受冲击爆裂，导致人身伤害 2. 复役后未调整电网中性点接地点，导致局部电网中性点有多点接地 3. 主变复役时，消防自动喷淋系统未及时投入，导致主变火灾时消防自动喷淋系统未动作 4. 强油循环风冷主变复役时，未投入风冷系统，导致主变油温过高跳闸	1. 充电前，现场人员远离充电设备，设备带电 5 min 并无异响后，方可靠近检查 2. 主变复役后，注意调整中性点接地方式 3. 主变复役后，及时投入该台主变的消防自动喷淋系统 4. 强油循环风冷主变复役过程中，及时投入主变风冷系统
10	专用措施	高抗	油抗	停役	高抗停役时，消防自动喷淋系统未退出，导致误喷	高抗停役后，根据规定，退出该台高抗的消防自动喷淋系统
				复役	1. 高抗复役带电时，受冲击爆裂导致人身伤害 2. 高抗复役时，消防自动喷淋系统未及时投入，导致高抗火灾时消防自动喷淋系统未动作	1. 充电前，现场人员远离充电设备，设备带电 5 min 并无异响后，方可靠近检查 2. 高抗复役后，及时投入该台高抗的消防自动喷淋系统
11	专用措施	母线	双母线	停复役	倒母操作过程中，母线异常导致双母线跳闸	尽量缩短双母硬连接时间，倒闸操作过程严格落实倒闸操作相关规定，严防发生误操作事故
12	专用措施	线路	双母线	倒母操作	1. 倒母操作时，母联开关跳闸导致隔离开关带负荷拉闸 2. 应合母线段隔离开关合闸不到位，导致另一个母线段隔离开关带负荷拉闸 3. 母线保护隔离开关位置切换不正确，区外故障时导致母线保护误动作	1. 倒母操作前，应先保证母联开关非自动运行状态，先投母线互联压板，再断开母联开关控制电源 2. 母线段隔离开关合上后，应检查确已合闸到位，预控措施参考 AIS（GIS）隔离开关分合操作 3. 母线段隔离开关操作完毕后，确认相应电压切换继电器励磁或保护装置面板显示隔离开关切换正确

续表

序号	措施类型	操作对象	设备类型	操作行为	存在的主要风险	预控措施
13	专用措施	旁路	—	旁路代路	1. 填写的操作票中，旁路代路前保护未切换到所代线路（主变）的所需状态，或所代线路（主变）恢复运行前保护未切换完善，导致操作票错误 2. 旁路开关及所代线路（主变）开关均合上时，未检查负荷分配情况	1. 旁路代路的典型操作票须与线路（主变）一一对应，不可使用通用型典型操作票。填写操作票及操作前，均应核对现场一、二次设备状态，确保操作票与现场一致 2. 旁路开关及所代线路（主变）开关均合上时，仔细检查负荷分配情况，确认分配正常后，再拉开需要操作的开关
14	专用措施	电容器	—	停役	电容器未放电便直接挂接地线或合接地闸刀，电容器剩余电荷对地放电导致人身伤害	电容器验电后，挂接地线或合接地闸刀前，须对电容器放电，确保无剩余电荷后，方可挂上接地线或合上接地闸刀
15	专用措施	保护压板	硬压板	投退	1. 保护、测控、智能终端出口硬压板放上前，未测量压板电压正确或测量不正确，导致保护误出口 2. 保护压板未按实际运行方式投入（退出），造成保护误动、拒动 3. 压板操作时未拧紧螺帽，导致压板接触不良或脱落	1. 确认压板两端无异极性电压，方能放上出口硬压板 2. 严格落实操作票拟票、审票要求，副值、正值、值长逐级审票正确。倒闸操作过程中，加强监护，确保操作正确 3. 压板投入后，应拧紧上下端头螺帽。压板退出后，应拧紧压板下端头螺帽，防止退出状态的压板上下端头误接触
			软压板	投退	顺控操作票选择错误，导致保护压板误投入、退出	确保选择的程序化票正确无误，严格落实操作票拟票、审票要求，副值、正值、值长逐级审票正确。倒闸操作过程中加强监护

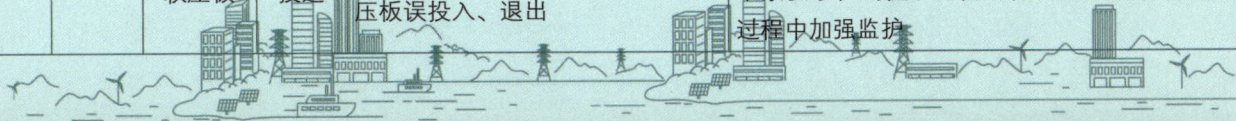

续表

序号	措施类型	操作对象	设备类型	操作行为	存在的主要风险	预控措施
16	专用措施	站用变	—	停役	停役前未调整站用电接线方式，导致站用电母线失电	站用变停役前应先调整好站用电供电方式
				复役	站用变受冲击爆裂导致人身伤害	充电前，现场人员远离充电设备，设备带电5 min并无异响，方可靠近
17	专用措施	站用交流	—	切换	切换后导致重要负载失电	站用电切换后应确认主变冷却器等重要负载运行正常
18	专用措施	站用直流	—	切换	1. 切换操作中发生直流失电 2. 切换过程中发生直流接地故障	1. 立即恢复原运行方式，查明原因后再继续操作 2. 立即终止操作，查找和消除接地故障。拉路时应尽量缩短时间。针对拉路时可能造成的保护误动，应汇报调度退出运行，之后投入运行
19	专用措施	避雷器	—	复役	避雷器受冲击爆裂导致人身伤害	充电前现场人员远离充电设备，避雷器带电后查看三相泄漏电流是否正常，必要时采用红外成像仪进行检查
20	专用措施	高压熔断器		装卸	1. 装卸时弧光对人身造成伤害 2. 装卸顺序不正确导致相间短路	1. 戴护目眼镜和绝缘手套，必要时使用绝缘夹钳，并站在绝缘垫或绝缘台上 2. 停电时应先取中相，后取边相；送电时反之。对于跌落式高压熔断器，遇到在风时应先拉中相，再拉背风相，最后拉卸风相

序号	措施类型	操作对象	设备类型	操作行为	存在的主要风险	预控措施
21	专用措施	消防	固定灭火系统	误动	1. 主变（高抗）停役时，消防自动喷淋系统未退出，可能导致误动 2. 消防检修或维保时，未采取安全措施或安全措施不到位，导致固定灭火系统误动 3. 消防地埋管道相别接错，导致固定灭火系统出口喷淋时误喷到未着火相	1. 主变（高抗）停役后，根据规定，退出该台主变（高抗）的消防自动喷淋系统 2. 消防检修或维保前，应做好主变（高抗）固定灭火系统电磁阀取下等防误喷的安全措施 3. 固定灭火系统喷淋管道未开展核相工作的，须结合检修维保开展一次管道核相工作
				拒动	1. 主变（高抗）复役时，消防自动喷淋系统未及时投入，导致主变（高抗）发生火灾时消防自动喷淋系统拒动 2. 固定灭火系统启动氮气瓶或动力氮气瓶压力过低，导致固定灭火系统拒动 3. 启动电磁阀或电动阀失去电源，导致固定灭火系统拒动 4. 消防检修或维保结束后，安全措施未恢复，导致主变（高抗）发生火灾时固定灭火系统拒动 5. 埋地管道破损，导致固定灭火系统碰头压力不足，未能有效灭火	1. 主变（高抗）复役后，及时投入该台主变（高抗）的消防自动喷淋系统 2. 加强例行巡视，检查氮气瓶压力有无下降趋势，发现启动氮气瓶或动力氮气瓶压力下降或过低，须及时联系维保单位处理 3. 加强例行巡视，发现启动电磁阀或电动阀电源失去，应设法恢复电源，未能恢复的，及时联系检修人员处理。未消缺前若主变（高抗）着火，在确保设备已断电及自身安全的前提下，手动启动主变（高抗）固定灭火系统 4. 消防检修或维保结束后，须恢复防误喷的安全措施 5. 定期开展固定灭火系统管道保压试验，确保管道无破损、渗漏

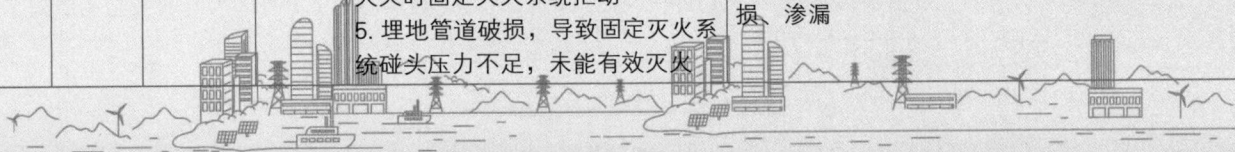

续表

序号	措施类型	操作对象	设备类型	操作行为	存在的主要风险	预控措施
21	专用措施	消防	消防报警系统	误动	1. 消防检修或维保时，未采取安全措施或安全措施不到位，导致消防报警主机动作出口，使固定灭火系统误动 2. 消防报警主机内部逻辑修改，开展逻辑验证时未采取安全措施，导致固定灭火系统误出口	1. 消防检修或维保前，须做好主变（高抗）固定灭火系统电磁阀取下等防误喷的安全措施 2. 消防报警主机内部逻辑验证时，须做好主变（高抗）固定灭火系统电磁阀取下等防误喷的安全措施
				拒动	1. 消防检修或维保结束后，安全措施未恢复，导致主变（高抗）火灾时消防报警主机未出口 2. 消防报警主机内部逻辑错误，导致主变（高抗）起火时未自动启动固定灭火系统 3. 消防主机内部故障或失电，导致火灾时未报警，未自动启动固定灭火系统 4. 感温电缆、火焰探测器本体或相关模块、线缆故障，导致火灾时未报警，未自动启动固定灭火系统 5. 消防控制开出模块故障，导致主变（高抗）起火时未自动启动灭火系统 6. 开关位置开入错误或开关拒分，导致主变（高抗）起火时未自动启动固定灭火系统	1. 消防检修或维保结束后，须恢复防误喷的安全措施 2. 消防主机逻辑有修改时，须做好逻辑验证工作 3. 消防主机故障或失电时，及时联系维保单位消缺。未消缺前若主变（高抗）着火，在确保设备已断电及自身安全的前提下，手动启动主变（高抗）固定灭火系统 4. 感温电缆、火焰探测器本体或相关模块、线缆故障时，及时联系维保单位消缺。未消缺前若主变（高抗）着火，在确保设备已断电及自身安全的前提下，手动启动主变（高抗）固定灭火系统 5. 消防控制开出模块故障时，及时联系维保单位消缺。未消缺前若主变（高抗）着火，在确保设备已断电及自身安全的前提下，手动启动主变（高抗）固定灭火系统 6. 主变（高抗）故障发生起火，若此时开关开入位置错误或拒分，在确保设备已断电及自身安全的前提下，手动启动主变（高抗）固定灭火系统

续表

序号	措施类型	操作对象	设备类型	操作行为	存在的主要风险	预控措施
21	专用措施	消防	应急排油装置	误动	1. 检修前未做好安全措施便关闭检修阀门 2. 控制单元故障 3. 控制电缆感应电压过大	1. 检修前须做好防止误动的安全措施，工作负责人落实监管职责，工作开始前须检查安措落实情况 2. 周期检修时做好传动试验、逻辑校验正确 3. 控制电缆应采用屏蔽电缆，电缆敷设严格按照相关工艺开展，落实动力电缆与控制电缆分层敷设要求
				拒动	1. 排油泵控制或动力电源失去 2. 排油阀门卡涩 3. 排油阀电动机故障	1. 结合巡视及维保定期对应急排油装置控制柜内电源、指示灯、二次电缆封堵等进行检查维护，对松动的配件进行紧固，对损坏的配件进行更换 2. 周期检修时，至少进行3次电动阀遥控操作试验 3. 排油阀电动机故障时，应按危急缺陷流程处理，及时联系检修人员消缺

备注：本库中若有未涵盖的操作行为，各单位根据现场作业实际情况开展相应的风险防控工作。

变电站倒闸操作作业风险预控措施卡

序号	危险点分析	预控措施
1	调度指令及操作目的未与现场设备的实际状态进行核对，导致和调度指令核对不正确	接收调度指令后，应与现场设备运行方式核对正确，再与调度核对正确
2	拟写及审核操作票不正确，导致操作票错误	严格落实操作票拟票、审票要求，操作人、监护人、值班负责人逐级审票并签名
3	安全工器具检查不到位，导致使用不合格的安全工器具	根据操作任务，认真准备所用的安全工器具，认真检查，确保使用的安全工器具正确、合格
4	操作对象错误，导致误操作	认真履行操作监护制和唱票复诵制，操作前严格执行"三核对"，认真检查操作设备的名称、编号及位置，防止走错间隔
5	操作过程中，临时出现影响倒闸操作的异常状况时，处置不当，引起误操作	操作过程中，出现操作异常时，应立即停止操作，禁止跳项操作，认真进行核对检查，确认自身操作行为无误后，及时汇报相关调度及管理人员，必要时联系检修人员到场处理。异常消除后，再继续操作
6	倒闸操作前及倒闸操作过程中未认真核对监控后台信号，造成误操作	倒闸操作前，监护人和操作人应对监控系统进行全面信号核对，确认设备状态与操作要求相符，进行操作的间隔及相关公用设备内无异常信号。在倒闸操作全过程，发现后台光字及简报窗口有异常信号或出现多余信号时，须立即停止操作，确认并排除异常后方可进行下一步操作
7	停役前未及时调整低压站用电接线方式导致站用电低压母线失电	主变停役前应先调整好站用电供电方式

续表

序号	危险点分析	预控措施
8	停役前未调整电网中性点接地点，导致局部电网中性点失去接地	主变停役前，应注意中性点接地方式调整
9	操作过电压	断开高压侧、中压侧断路器前，检查中性点接地刀闸确在"合位"，中性点保护方式对应进行调整
10	断路器操作时发生爆炸，造成人身伤害	高压断路器严禁现场机构箱分合操作，后台或测控屏断开断路器前，提醒现场人员远离操作设备。现场无异常声音后方可近距离检查
11	断路器操作时严重漏气，造成人身伤害	操作过程中，若发生断路器 SF_6 大量泄漏，检查时应从上风口靠近，必要时佩戴防毒面具
12	断路器操作时传动连杆断裂或脱销，导致分合闸不到位	检查断路器机械位置三相确已分闸到位，机械位置指示与电气位置指示均在"分闸"
13	母线隔离开关和线路隔离开关操作顺序不正确，造成误操作	停电拉闸操作应按照断路器（开关）—负荷侧隔离开关（刀闸）—电源侧隔离开关（刀闸）的顺序依次进行
14	带负荷拉开隔离开关	隔离开关操作前，检查断路器机械位置指示与电气位置指示均在"分闸"
15	隔离开关机构或回路异常，造成分闸不到位且持续放电	操作过程中分闸不到位，可以根据起弧情况将隔离开关尽可能恢复到合闸状态，查明原因并消除异常后再继续操作
16	隔离开关操作过程中瓷瓶断裂，造成人身伤害	操作前观察瓷瓶外观是否完好，就地操作时，操作人员应注意站位，防止传动瓷瓶断裂伤人
17	隔离开关位置检查不到位，造成误操作事件	拉开隔离开关后，应检查三相动触头是否完全分闸到位，切实做到实际位置、机械指示、后台状态三者一致且正确

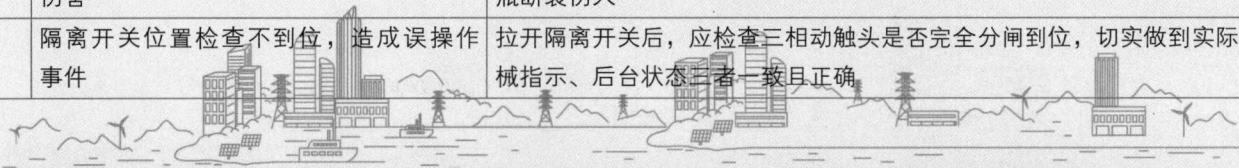

续表

序号	危险点分析	预控措施
18	母线保护隔离开关位置切换不正确，导致母线保护不正确动作	母线隔离开关操作完毕，检查本屏及母差屏装置面板显示隔离开关切换正确
19	验电器可用性验证不到位	验电前，在临近相同电压等级带电设备处测试验电器功能是否正常
20	验电器与被试设备接触不良	有条件时，应采取同相多点验电的方式进行验电，即每相验电至少3个点，间距10 cm以上
21	未穿绝缘鞋、戴绝缘手套	验电时，穿好绝缘鞋、戴好绝缘手套。绝缘鞋、绝缘手套须完好无损并在检验有效期内
22	操作时手超过验电器护环	验电器的伸缩式绝缘棒长度应拉足，手握在手柄处，不得超过护环，人体与验电设备保持足够的安全距离
23	合闸位置检查不到位，导致接地不良，感应电伤人	合上接地闸刀后，应检查三相动触头是否合闸到位（过死点）且接触良好，切实做到实际位置、机械指示、后台状态三者一致且正确
24	挂接地线误入带电间隔，人身触碰接地线，操作顺序错误	挂接地线前进行"三核对"（核对名称、编号、位置），防止走错间隔。挂接地线穿绝缘鞋、戴绝缘手套，严禁触碰接地线。挂接地线时，先装设接地端，再挂导体端，选择对应电压等级的接地线
25	主变停役时，自动灭火系统未退出，可能导致误动	主变停役后，根据规定退出该台主变的自动灭火系统，投入机械闭锁方式，防止误动

第二章　典型违章

现场违章 1：开关停电试验作业倒闸操作中操作开关柜手车，未戴绝缘手套，一般违章。

违反条例

《国家电网公司电力安全工作规程（变电部分）》第 7.2.5 条：操作机械传动的断路器（开关）或隔离开关（刀闸）时，应戴绝缘手套。没有机械传动的断路器（开关）、隔离开关（刀闸）和跌落式熔断器，应使用合格的绝缘棒进行操作。雨天操作应使用有防雨罩的绝缘棒，并穿绝缘靴、戴绝缘手套。

现场违章2：电容器隔离开关电缆侧接地线合格证、绝缘握把破损，一般违章。

合格证

违反条例

《国家电网公司电力安全工作规程（变电部分）》第14.4.3.3条：安全工器具经试验合格后，应在不妨碍绝缘性能且醒目的部位粘贴合格证。

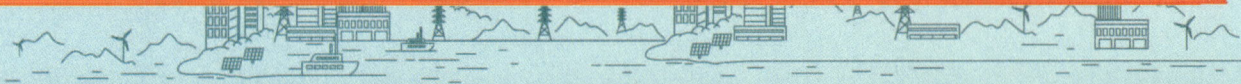

现场违章 3：变电站站内智巡建设现场（五级作业）作业人员移动、跨越围栏，工作负责人未制止，严重违章。

违反条例

《国家电网公司电力安全工作规程（变电部分）》第 7.5.8 条：禁止作业人员擅自移动或拆除遮栏（围栏）、标示牌。因工作原因必须短时移动或拆除遮栏（围栏）、标示牌，应征得工作许可人同意，并在工作负责人的监护下进行。完毕后应立即恢复。

现场违章 4：现场漏挂接地线或接地刀闸，严重违章。

违反条例

《国家电网公司关于印发生产现场作业"十不干"的通知》"十不干"第五条：未在接地保护范围内的不干。

现场违章 5：倒闸操作现场使用达到报废标准的安全工器具或超过试验周期的安全工器具，严重违章。

违反条例

《国家电网公司电力安全工作规程（变电部分）》第 4.2.3 条：现场使用的安全工器具应合格并符合有关要求。

现场违章 6：随意解除闭锁装置或擅自使用解锁钥匙，严重违章。

违反条例

《国家电网公司电力安全工作规程（变电部分）》第 5.3.6.5 条：操作中产生疑问时，应立即停止操作并向发令人报告。待发令人再行许可后，方可进行操作。不准擅自更改操作票，不准随意解除闭锁装置。解锁工具（钥匙）应封存保管，所有操作人员和检修人员禁止擅自使用解锁工具（钥匙）。若遇特殊情况须解锁操作，应经运维管理部门防误操作装置专责人或运维管理部门指定并经书面公布的人员到现场核实无误并签字后，由运维人员告知当值调控人员，方能使用解锁工具（钥匙）。单人操作、检修人员在倒闸操作过程中禁止解锁。如需解锁，应待增派运维人员到现场，履行上述手续后处理。解锁工具（钥匙）使用后应及时封存并做好记录。

现场违章 7：倒闸操作前不核对设备名称、编号、位置，不执行监护复诵制度，操作时跳项、漏项。

下面开始进行阳光一线的由运行转检修操作。

阳光二线518

违反条例

《国家电网公司电力安全工作规程（变电部分）》第 5.3.6.2 条：现场开始操作前，应先

在模拟图（或微机防误装置、微机监控装置）上进行核对性模拟预演，无误后，再进行操作。操作前应先核对系统方式、设备名称、编号和位置，操作中应认真执行监护复诵制度（单人操作时也应高声唱票），宜全过程录音。

阳光一线的由运行转检修操作操作过程中，应按操作票填写的顺序逐项操作。每操作完一步，检查无误后画一个"√"记号，全部操作完毕后进行复查。

现场违章 8：应拉开断路器、隔离开关、地刀及装设的地线等在工作票上未准确登录，严重违章。

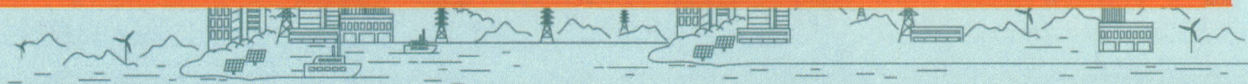

应装接地线、应合接地刀闸 （注明确实地点、名称及接地线编号 *）	已执行
1. 合上阳光线 111–03 接地刀闸	张三
2. 合上阳光线 111–012 接地刀闸	张三
漏签 合上阳光线 111–0 接地刀闸	

违反条例

　　《国家电网公司电力安全工作规程（变电部分）》第 6.3.11 条工作票所列人员的安全责任：

　　6.3.11.1（b）工作票签发人应检查工作票上所填安全措施是否正确完备。

　　6.3.11.2（b）工作票许可人应负责检查工作票所列安全措施是否正确完备，是否符合现场实际条件，必要时予以补充。

　　6.3.11.2（d）工作票许可人应严格执行工作票所列安全措施。

　　6.3.11.2（a）工作负责人应负责审查工作票所列安全措施是否正确、完备，是否符合现场条件。

现场违章 9：接地线装设或拆除顺序错误（停电先装设接地端再接导体端，连接不可靠），一般违章。

违反条例

《国家电网公司电力安全工作规程（变电部分）》第 7.4.9 条：装设接地线应先接接地端，后接导体端，接地线应接触良好，连接应可靠。拆接地线的顺序与此相反。装、拆接地线导体端均应使用绝缘棒和戴绝缘手套。人体不得碰触接地线或未接地的导线，以防触电。带接地线拆设备接头时，应采取防止接地线脱落的措施。

第三章 案例警示

暴力施工要不得
贪图省事反误事

案例经过

1 某 330 kV 变电站正开展主变刀部表计改造工作，由于改造工作不到位，表计一直在缓慢漏气。

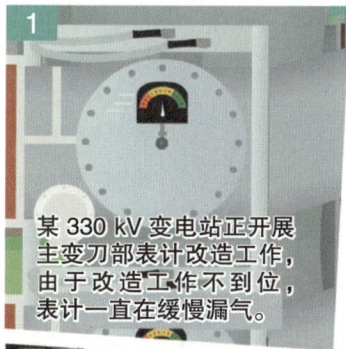

2 按照工作计划，组织设备综合检查，例行测试，把刀闸的智能终端遥信电源断开，检测结束后再恢复合上电源。

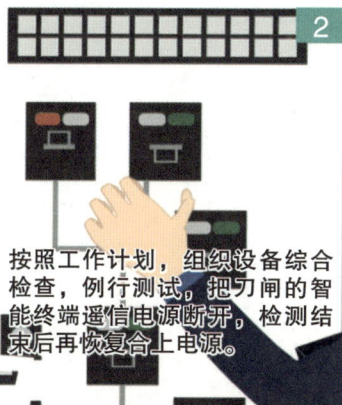

3 例行检测结束后，遥信电源并没有恢复，导致气体密度过低的问题未被远程监控到。

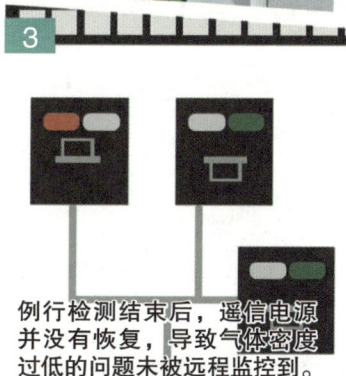

4 表计持续漏气造成 A 相 B 相 2 个气室内部放电，触发 330 kV 母差保护动作，导致跳闸事故。

案例经过

1

某日，某 750 kV 变电站正在开展 SF₆ 密度继电器通讯电缆的敷设工作。

2

当要将通讯电缆穿过电缆沟时，发现原来的二次电缆在穿过电缆沟的时候没有套钢管，现在的孔洞太小，通讯电缆无法穿过。

3

作业人员便在未采取任何安全防护措施的情况下进行扩孔作业。

4

误伤了电缆沟里的二次电缆，产生的零序电流激活了线路后备保护动作，导致变电站断路和相关的线路跳闸。

安措管理不到位
气体泄漏致跳闸

接地保护须谨记
生命无法重新来

239#

某日，某供电公司组织作业人员开展 10 kV 线路 239 号塔的抢修工作。在拆除故障线路前，断开了电源侧开关、隔离刀闸，并合上了线路侧接地刀闸。

作业人员拆除故障线路后，使用钢芯铝绞导线将前面的 238 号塔和后面的 240 号塔直接连接起来。

此时，作业人员发现塔上的引流线距离脚钉太近，不满足送电要求，便处理引流线。在处理过程中，作业人员触电身亡。

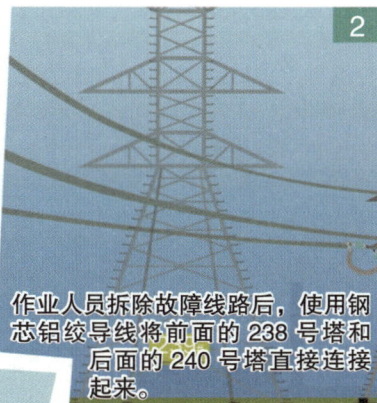

经调查，造成作业人员死亡的电力并非来自电源侧，而是用电侧。事发时，用户使用低压自备发电机通过配变向线路反送电，造成触电事故。

案例经过

1

某地市级供电公司开展大修项目，在此背景下，某 500 kV 变电站进行线路开关合闸电阻拆除工作。

2

某日，按照计划，工作负责人组织作业人员进行开关套管拆除、电流互感器二次电缆配合拆除工作。

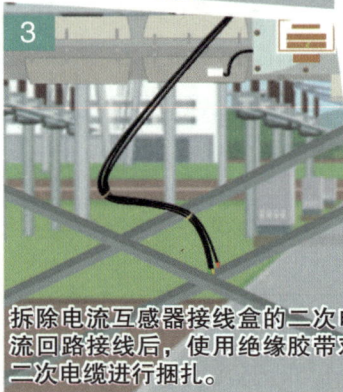

3

拆除电流互感器接线盒的二次电流回路接线后，使用绝缘胶带对二次电缆进行捆扎。

4

由于捆扎工作不到位，绝缘胶带脱落，裸露的电缆线芯与开关本体支架角钢直接接触，产生电流效果，造成开关跳闸、线路失电。

绝缘包裹不仔细
跳闸事故马上到

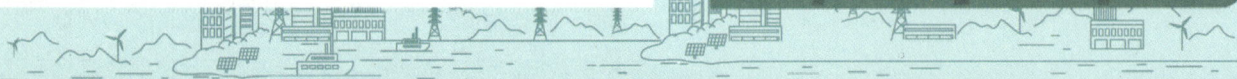

失责埋安全隐患
麻痹致高坠事故

案例经过

1

某日，某 800 kV 线路进行年度检修，对杆塔电缆耐张线夹进行 X 光无损探伤检测。

2

检测完成后，作业人员李某采取以保护绳兜住耐张绝缘子串的方式移动返回横担，在工作负责人赵某的劝说下，李某仍不改正。

3

到达耐张绝缘子串和横担之间的金具上时，李某将兜住耐张绝缘子串的保护绳解开，继续向横担移动。

4

在移动的过程中，李某不慎坠落，最终医治无效死亡。

案例经过

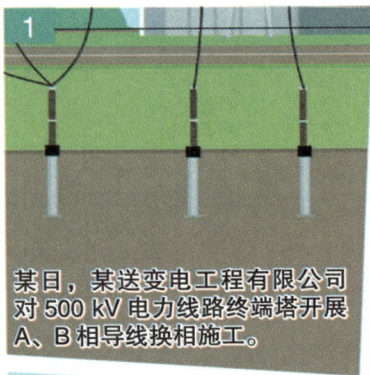

1　某日，某送变电工程有限公司对 500 kV 电力线路终端塔开展 A、B 相导线换相施工。

2　在初勘、复测中均未辨识站内 500 kV 母线带电风险，站班会中也未进行该风险交底。

3　在完成终端塔接地线挂设工作后开展换相施工，进行 2 号和 3 号导线换相施工时，由于施工位置不方便操作，便将电缆放下来一点。

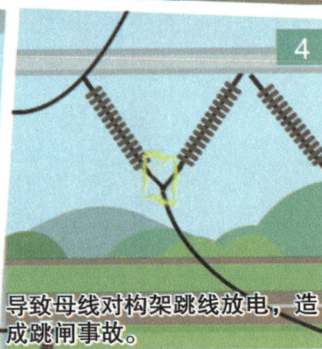

4　导致母线对构架跳线放电，造成跳闸事故。

施工三措不到位
母线放电致跳闸

违章指挥有风险
强令冒险酿事故

案例经过

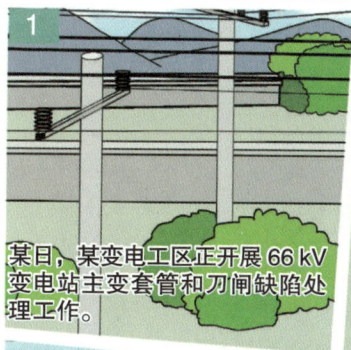

1 某日，某变电工区正开展 66 kV 变电站主变套管和刀闸缺陷处理工作。

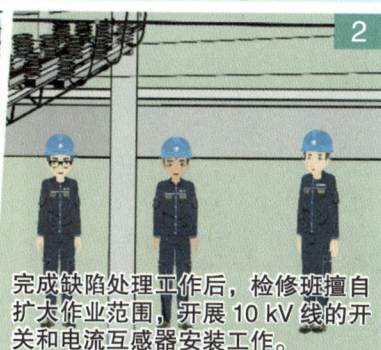

2 完成缺陷处理工作后，检修班擅自扩大作业范围，开展 10 kV 线的开关和电流互感器安装工作。

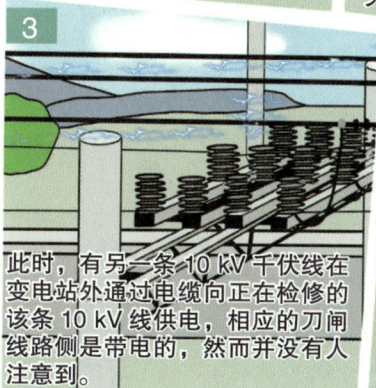

3 此时，有另一条 10 kV 千伏线在变电站外通过电缆向正在检修的该条 10 kV 线供电，相应的刀闸线路侧是带电的，然而并没有人注意到。

4 检修班成员彭某在进行电流互感器与 10 kV 线刀闸三相铜排接引时发生触电。彭某抢救无效死亡。

案例经过

1
某日，某 220 kV 变电所控制室内，2 名运维人员通过监控发现线路跳闸。

2
2 名运维人员四处检查，查找线路跳闸原因。

3
最后发现有鸟粪飘落在母线瓷瓶上，使引流线对构架横担放电。

4
同时，由于二次设备配置、管理不善以及备自投没有正确动作，进一步扩大了这起事故。

小鸟粪酿大跳闸

作业之前不验电
发生事故不留情

案例经过

1 某日，某供电所正组织作业人员开展 10 kV 线路绝缘化改造及消缺作业。

2 工作负责人肖某带领作业人员李某、陈某进行 7 处电线杆设备线夹更换工作。

3 在完成数个设备线夹更换工作后，肖某擅自扩大作业范围，安排李某开展工作票以外的作业。

4 在未进行验电的情况下，李某登杆作业，发生触电，最终死亡。

案例经过

1 某日，某 110 kV 变电站进行 110 kV 配电装置改造项目，在正常方式的改接线后，安装负责人孙某和运维正值沈某查看开关间隔。

2 在查看的过程中，孙某开展了工作票以外的工作，使用钢卷尺测量距离。

3 此时，110 kV 开关处于冷备用状态，刀部母线侧带电。

4 孙某使用钢卷尺靠近放电点，发生触电。孙某触电死亡，沈某严重烧伤。

啊 啊 啊

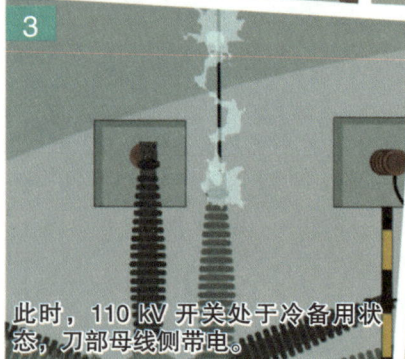

作业工具须规范
违规使用造伤亡

设备操作多隐患
倾倒打击必预控

案例经过

1

作业任务

110千伏某某变电站
35千伏母线PT手车
转检修倒闸操作

某日，苏某、陈某接到 110 kV 某变电站 35 kV 母线 PT 手车转检修倒闸操作工作。

2

作业当天，苏某、陈某正在进行倒部操作，接到某变 35 kV Ⅱ 段母线由冷备用转检修（母线 PT 及避雷器同时转检修）指令。

3

某某供电公司未就此类设备开展针对性的安全操作培训

由于操作人员陈某未参加过此类设备的安全操作培训，所以对 PT 手车不熟悉，有点紧张，可监护人苏某并不在意。

4

陈某俯身将 PT 手车拉出至柜外导轨时，手车在柜外导轨斜坡处突然向前倾倒，将陈某压倒在地上。陈某因伤势过重死亡。

案例经过

1 某日，在进行 66 kV Ⅰ母转检修操作时，运维人员小扬和小孟在监控后台拉开相关断路器和隔离开关后进行就地操作，合上相关接地刀闸时发现防误闭锁电子钥匙故障。

2 由于时间紧张，站长赵某直接让王值长安排启用万能钥匙，且未向超高压公司分管领导汇报。

3 王值长安排运维人员小陈启用万能钥匙继续进行倒闸操作，小陈指定检修人员小杜配合操作。在操作的过程中，误合了接地刀闸，造成1号主变低压侧出口三相金属短路，主变差动保护动作跳闸。

4 故障后，某超高压公司组织对1号主变进行相关试验，试验结束后恢复送电。合上7511断路器后，1-4号主变A相重瓦斯保护动作，压力释放阀喷油。经检查，A相主变内部放电，设备受损。

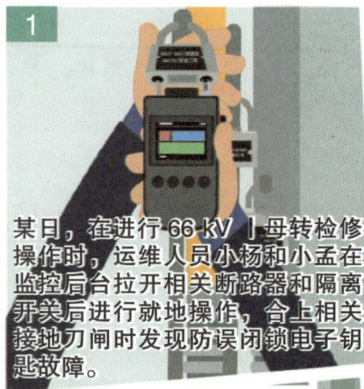

带电合接地刀闸误操作实验结果未判断致故障

违规外联引告警
网络安全存风险

案例经过

1

某日，变电运维人员在 220 kV 某变电站进行站内指纹识别装置调试，计划将手机下载的驱动程序通过 USB 连接的方式传输至指纹识别专用电脑。

2

但是在操作时，USB 误接入相邻的防误主机（生产控制 1 区），发生了违规外联。

3

引发网络安全监测装置告警。

4

造成生产控制大区网络安全风险，且性质严重。

案例经过

1 某日，现场接线班班长安排接线人员陈某、孟某到输煤 6 kV 配电间内进行灰库 MCC 段 400 V 柜进行接线工作。

2 陈某、孟某到达配电间，并办理了进入登记，但在没有办理工作票、工作盘柜没有停电的情况下开始工作。

3 工作过程中，孟某因故走开，陈某独自接线，因右臂不慎触碰到 MCC 进线盘柜电缆室的三相保险而发生触电。

4 孟某听到声音后过来查看，发现陈某触电倒地不起。抢救无效，陈某死亡。

接线作业惨遭触电身亡
办理工作票停电是关键

有限空间作业窒息死亡
气体检测通风做好预防

案例经过

1 某日，在某施工现场进行混凝土浇筑的过程中，班长发现基础坑内的声测管松动，便安排小陈、小孟下坑绑扎。

2 小陈、小孟一前一后下到基坑，越往下走，两人脸色越难看，到达坑底后，两人晕倒在地。

3 班长发现后，在未进行通风检测、未做任何安全措施的情况下，组织小杨、老许一同下坑救人。

4 最终造成进入基坑的5人窒息死亡。

案例经过

1 事发前一日，许继人员对±800 kV某换流站的双极高端换流变非电量保护定值进行整定升级，同步覆盖了低端换流变非电量保护定值。

2 事发当日，在未申报作业计划、未办理工作票、未履行许可手续、未布置安全措施的情况下，检修人员会同施工人员对极Ⅱ低端6台换流变非电量开展逻辑验证。

3 数小时后，后台监控报"极Ⅱ低端Y/Y换流变A相本体轻瓦斯跳闸""极Ⅱ低端Y/Y换流变A相本体重瓦斯跳闸"等告警信号。

4 现场检查发现，极Ⅱ低端Y/Y换流变A、B、C相，极Ⅱ低端Y/D换流变A、C相（共5台）油枕排油装置动作，排油至事故油池，最终造成5台油枕异常排空，3台换流变胶囊受损。

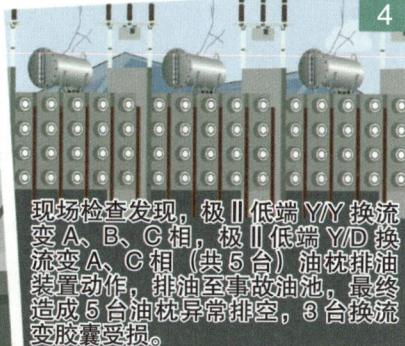

告别换流变油枕异常排油
重点在于消防管理要到位

电容器设备清扫刷漆工作
谨防 PT 二次反送电致身亡

案例经过

1 某 110 kV 变电站有 8 回 10 kV 出线断路器及电容器设备春检预试工作。某日，10 kV Ⅰ段母线停电转换为检修状态，8 回出线断路器及电容器转换为检修状态。

2 在办理 10 kV 电容器间隔设备清扫、刷漆工作票的许可开工手续后，工作负责人安排 2 名工作人员进行清扫及刷漆工作。其间，一名工作人员上到电抗器上部，坐在放电电压互感器中性点铝排上刷电抗器 C 相母线高处部分的红漆。

3 与此同时，另一边保护校验工作负责人带领工作班成员在电容器断路器柜上做速断、过流、差动保护试验后，把试验线接在 A611、C611 端子上，且未断开放电电压互感器的二次电缆线。

4 接通试验电源后，坐在放电电压互感器中性点铝排上刷漆的工作人员触电，最终抢救无效死亡。

案例经过

1. 某日，某变 220 kV 变电所运行人员误合 26215 开关=2C 相刀闸（大小乙线）。

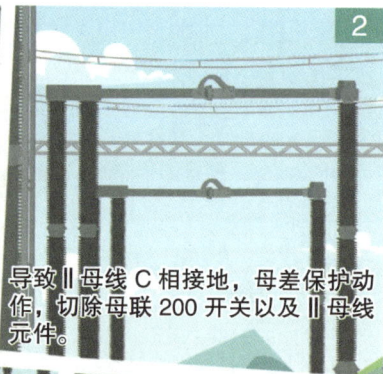

2. 导致Ⅱ母线 C 相接地，母差保护动作，切除母联 200 开关以及Ⅱ母线元件。

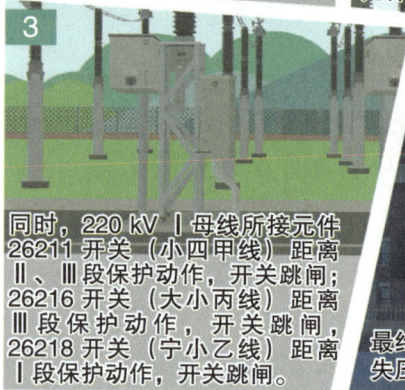

3. 同时，220 kV Ⅰ母线所接元件 26211 开关（小四甲线）距离Ⅱ、Ⅲ段保护动作，开关跳闸；26216 开关（大小丙线）距离Ⅲ段保护动作，开关跳闸，26218 开关（宁小乙线）距离Ⅰ段保护动作，开关跳闸。

4. 最终造成某变 220 kV 变电站全所失压。

带地刀误合隔离开关
变电站不幸全所失压

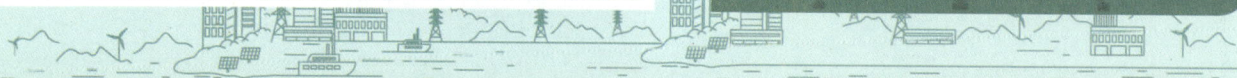